Sitzungsberichte
der Akademie der Wissenschaften
der DDR
Mathematik – Naturwissenschaften – Technik

18 N
1980

H.-J. Jacobs, L. Eberlein, D. Kochan

Entwicklung der Formgebungsverfahren im Maschinenbau

AKADEMIE-VERLAG · BERLIN

Sitzungsberichte
der Akademie der Wissenschaften
der DDR
Mathematik — Naturwissenschaften — Technik

Jahrgang 1980 · Nr. 18/N

H.-J. Jacobs, L. Eberlein, D. Kochan

Entwicklung der Formgebungsverfahren im Maschinenbau

AKADEMIE-VERLAG · BERLIN
1981

Vorträge gehalten auf der gemeinsamen Sitzung der Klasse Werkstofforschung und der Arbeitsgruppe Technische Wissenschaften der AdW der DDR am 13. 12. 1979 von Prof. Dr. sc. techn. Detlef Kochan, Prof. Dr. sc. techn. Hans-Jürgen Jacobs, Prof. Dr.-Ing. Ludwig Eberlein, Technische Universität Dresden, Sektion Fertigungstechnik und Werkzeugmaschinen

Herausgegeben im Auftrage des Präsidenten der Akademie der Wissenschaften der DDR von Vizepräsident Prof. Dr. Heinrich Scheel

ISSN 0138—3956
Erschienen im Akademie-Verlag, 1080 Berlin, Leipziger Straße 3—4

Lizenznummer: 202 · 100/86/80
Gesamtherstellung: VEB Druckhaus Köthen
Bestellnummer: 762 891 1 (2010/80/18/N) · LSV 3455
Printed in GDR
DDR 5.50 M

Inhalt

Hans-Jürgen Jacobs und Ludwig Eberlein

Entwicklung der Fertigungsverfahren im Maschinenbau (Spanungstechnik/Umformtechnik)

1. Einige historische Aspekte

Wenn bei Engels vom Anteil der Arbeit an der Menschwerdung des Affen gesprochen wird, dann war für den Verlauf der weiteren Menschheitsgeschichte auch die Handhabung von Werkzeugen, mit denen Spanungs- bzw. Umformtechnik ausgeführt wird, ein entscheidendes Moment. Die beiden Fertigungsverfahren-Gruppen, von denen hier die Rede sein soll, begleiten den Menschen seit seiner Werdung aus dem Tierreich.

Abbildung 1 zeigt den Schmiedevorgang, wie er im griechischen Kulturkreis bereits mit hohem handwerklichem Können ausgeführt wurde, und wir bewundern heute noch die aus der gleichen Zeit stammende Schnurzug-Technik, mit der man Bohrungen in den schwerspanbaren Werkstoff Naturstein einbrachte. Sehr alt ist auch das klassische Verfahren Drehen zur Fertigung rotationssymmetrischer Festkörper. Die Technik, mit der solche klassischen mechanischen Werkprinzipe, wie das Schmieden bzw. das Abtrennen von Spänen mittels meißelförmigem Werkzeug verwirklicht wird, hat sich im Laufe der Entwicklung der Produktivkräfte stark geändert. Heute beginnen wir mit den ersten Ansätzen einer bedienerarmen bzw. bedienerlosen Fertigung. Die mit dieser Entwicklung zum Ausdruck kom-

Abb. 1 Griechische Schmiedewerkstatt auf einer attischen Vase (600 v. u. Z.)

mende volkswirtschaftliche Rangstellung der Fertigungstechnik kann nicht besser als mit den Worten eines der Klassiker der Fertigungstechnik, des Ingenieurs Max Kronenberg gekennzeichnet werden:

„Die Ingenieurtätigkeit der Fertigung und Anwendung von Werkzeugmaschinen führt in gerader Linie auf den Anfang menschlicher Zivilisation zurück, die durch die Erfindung des ersten Werkzeuges eingeleitet wurde und dadurch den Lebensstandard des Menschen über den des Tieres erhob. Die Werkzeugmaschine als der moderne Nachfolger des ersten Werkzeuges ist heute das Rückgrat der Industrie und noch immer eine wesentliche Quelle des Lebensstandards."

Damit kommt die zentrale Stellung der Fertigungstechnik in der Kette Wissenschaft — Technik — Produktion zum Ausdruck. Sie wird symbolisiert durch die Werkzeugmaschine als die Maschine, die alle anderen Maschinentypen einschließlich sich selbst herstellt, d. h. die die letzte Etappe im Entstehungsgang einer jeden Maschine verwirklicht.

Abbildung 2 soll das durch Einordnung der technologischen Forschung für die Fertigungstechnik in die Gesamtkategorien wissenschaftlicher Arbeit verdeutlichen. Man erkennt u. a. das Wachsen der erforderlichen Forschungskapazität, bedingt durch die sehr komplexen ingenieurtechnischen Aufgabenstellungen, wenn es darum geht, Maschinen und Prozesse zu entwickeln und zu gestalten und sie dem industriemäßigen Test zuzuführen.

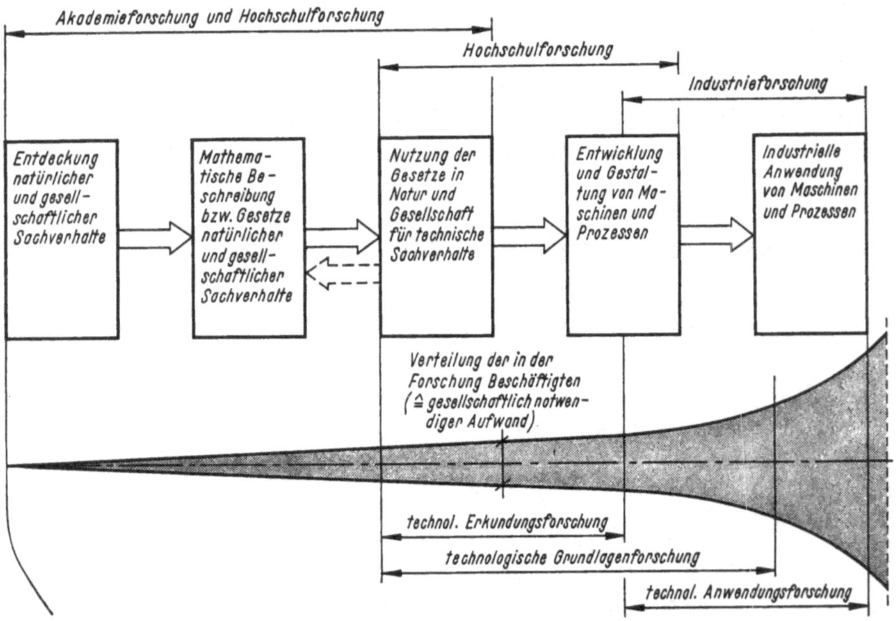

Abb. 2 Einordnung der technologischen Forschung in die Kategorien wissenschaftlicher Arbeit

Die Frage, warum wir nun heute, wo die hier anstehenden Fertigungsverfahren sich in der Industrie über Jahrhunderte bewährt haben, wissenschaftliche Forschung betreiben, läßt sich zunächst einmal mit den gestiegenen Qualitätsansprüchen der Maschinenbauteile und den gestiegenen Forderungen an die Wirtschaftlichkeit und Produktivität, die wiederum aus den höheren Ansprüchen unserer Gesellschaft resultieren, leicht beantworten.

Abbildung 3 vermittelt einen Eindruck, wie die Produktivität der Fertigung, bedingt durch die Entwicklung technischer Wissenschaftsdisziplinen, angewachsen ist. Ursachen für Fertigungszeitsenkungen sind in der Verbesserung produktivitätsbestimmender Parameter von Werkzeugmaschine und Werkzeug und in der gediegeneren wissenschaftlichen Durchdringung des Fertigungsverfahrens selbst zu suchen.

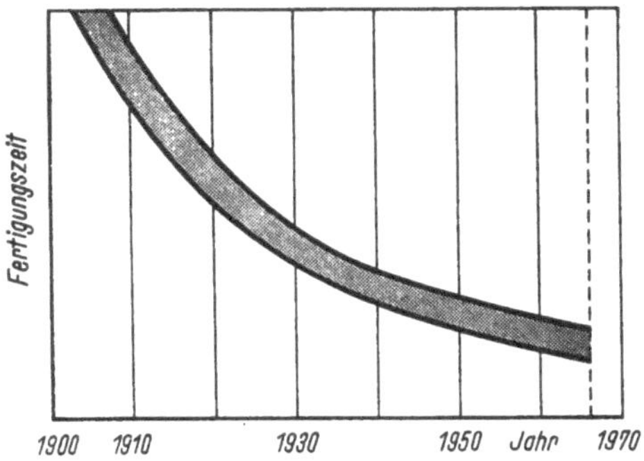

Abb. 3 Verkürzung der Stückzeit bei der Fertigung eines Bolzens

In Abbildung 4 spiegelt sich schließlich wider, wie die Leistungsfähigkeit der Fertigungsverfahren angestiegen ist. Während James Watt für die Paarung von Kolben und Zylinder seiner Dampfmaschinen noch Toleranzen über 1 mm in Kauf nehmen mußte, beherrschen wir heute Maßabweichungen auch im automatisierten Fertigungsablauf von weniger als 1 μm.

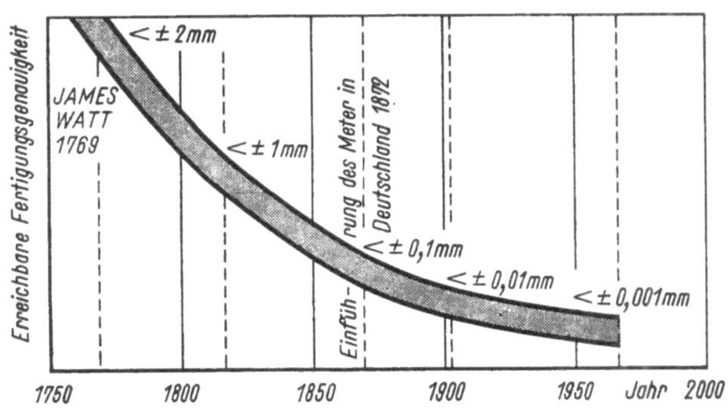

Abb. 4 Steigerung der Fertigungsgenauigkeit

2. Aktuelle Situation und Trends in der Entwicklung der Fertigungstechnik

2.1. Für Spanungs- und Umformtechnik gültige Aussagen

Zu beantworten ist zunächst die Frage, welches die wissenschaftlichen Zielfunktionen aktueller technologischer Forschung in der Fertigungstechnik sind, wenn es um konventionelle Fertigungsverfahren geht.

Grundsätzlich gilt unter den Bedingungen unserer industriellen Fertigung, daß solche Größen wie Fertigungskosten, Fertigungszeit, Erzeugnisqualität, Energieverbrauch und Materialaufwand zu Extremwerten zu führen sind. Als Restriktion ist dabei der steigende Automatisierungsgrad der Fertigungsprozesse zu beachten. Das wesentliche Anliegen dabei soll am Beispiel der Spanungstechnik Abbildung 5 verdeutlichen. Letztlich kommt es darauf an, zum funktionellen Zusammenhang zwischen den technischen und ökonomischen Ausgangsgrößen sowie den fixen und stellbaren Eingangsgrößen eines Fertigungsverfahrens zu finden. Die dazu erforderliche mathematische Modellierung geschieht dabei über die während der Werkstückbearbeitung auftretenden Kenngrößen eines Fertigungsverfahrens. Diese Vorgehensweise bildet die Grundlage für eine mathematisch-technologische Optimierung eines

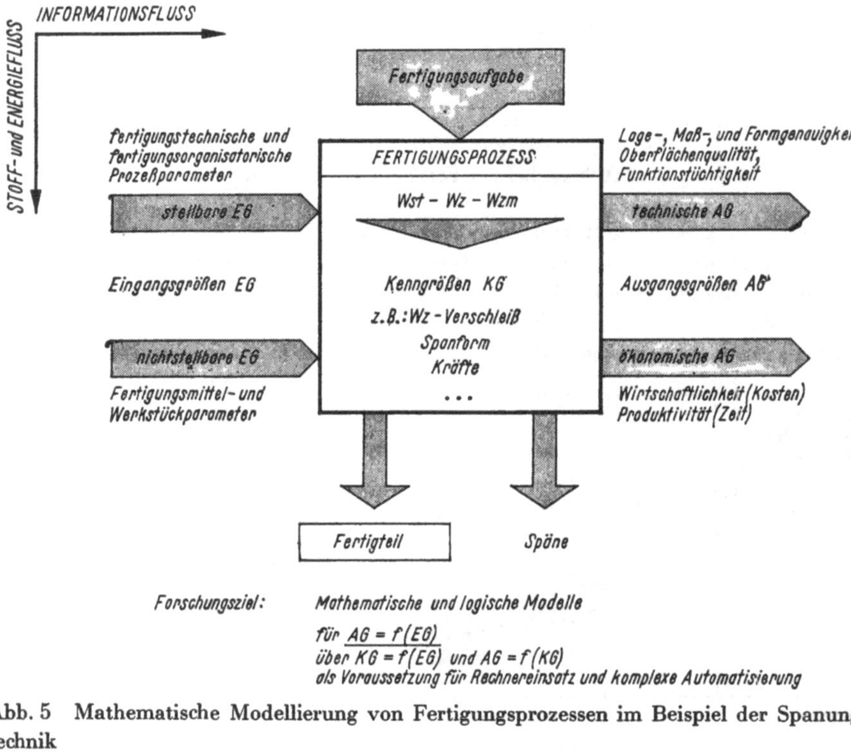

Abb. 5 Mathematische Modellierung von Fertigungsprozessen im Beispiel der Spanungstechnik

Fertigungsverfahrens bzw. eines Fertigungsprozesses. Sie ist in der Spanungs- und Umformtechnik unterschiedlich weit fortgeschritten und wird auch unterschiedlich gehandhabt. Methodische Ähnlichkeiten sind heute vorhanden. Die technologische Forschung verfolgt für das genannte Ziel heute zwei grundsätzliche Lösungswege; sie sollen ohne eine wissenschaftliche Rangwertung genannt werden:

1. Die physikalisch determinierte Beschreibung der Mechanik des Umform- bzw. Spanbildungsvorganges.

Diese Vorgehensweise, die sich z. B. plastizitätsmechanischer Lösungen bedient, hat den Vorteil, zu Gleichungen mit großen Parameterbereichen für ihre Gültigkeit zu führen. Danach kann die Anzahl der erforderlichen Kenngrößengleichungen kleingehalten werden und elegante Übertragungsmöglichkeiten auf die zu bearbeitenden Werkstoffe werden möglich. Beim heutigen Erkenntnisstand wirkt sich die zur mathematischen Beschreibung noch erforderliche Vereinfachung des betrachteten Bearbeitungsvorganges nachteilig aus. Hinzu kommt, daß die bisher gefundenen Zusammenhänge Eigenschaftsparameter der zu bearbeitenden Werkstoffe bzw. der Werkzeugstoffe erfordern, die nicht zur Verfügung stehen oder außerordentlich schwer meßbar sind. Insgesamt kann dieser erste Lösungsweg dadurch gekennzeichnet werden, daß erst die kontinuierliche Gleichung formuliert wird und daraus die Einzelzustände bei der Modellierung eines Fertigungsverfahrens abgeleitet werden.

2. Messung der Kenngrößen wie Kräfte, Werkzeugverschleiß usw. als äußere Erscheinungen eines Bearbeitungsvorganges und Ableitung von statistischen Approximationen für die in Rede stehenden Abhängigkeiten zwischen Ausgangs- und Eingangsgrößen eines Fertigungsverfahrens.

Die Vorteile dieses Weges liegen in der guten Praxisnähe der Kenngrößenvorausberechnung bei ausreichender Genauigkeit. Von Nachteil sind die engen Definitionsbereiche der auf diese Weise gefundenen Gleichungen sowie der durch die sehr vielen Werkstoff-Werkzeugstoff-Kombinationen der Praxis erforderliche hohe experimentelle Aufwand. Im Gegensatz zum ersten Lösungsweg werden hier also im ersten Schritt Einzelzustände eines Bearbeitungsvorganges erfaßt, um im zweiten Schritt daraus eine statistische Funktionsgleichung abzuleiten, mit der dann die gewünschten Vorausberechnungen erfolgen können.

Zusammenfassend kann zu beiden Lösungswegen eingeschätzt werden, daß die optimale Lösung bei der Modellierung eines Fertigungsverfahrens sicherlich in der geschickten Kombination beider Vorgehensweisen liegt, um das Aufwand-Nutzen-Verhältnis in der technologischen Forschung und Praxis aus ingenieurmäßiger Sicht in einem befriedigenden Wertebereich zu halten.

Neben diesem ursprünglichen Anliegen der technologischen Forschung zu den Fertigungsverfahren, das als *technologische Optimierung* gegebener Verfahren zu einem der beiden aktuellen Hauptwege der heutigen Intensivierung von Fertigungsprozessen führt, leitet sich ein weiterer Hauptweg aus der *Weiterentwicklung* der Fertigungsverfahren ab, der als Werterhöhung der produktivitätsbestimmenden Werkzeugmaschinen -und Werkzeugparameter zu verstehen ist.

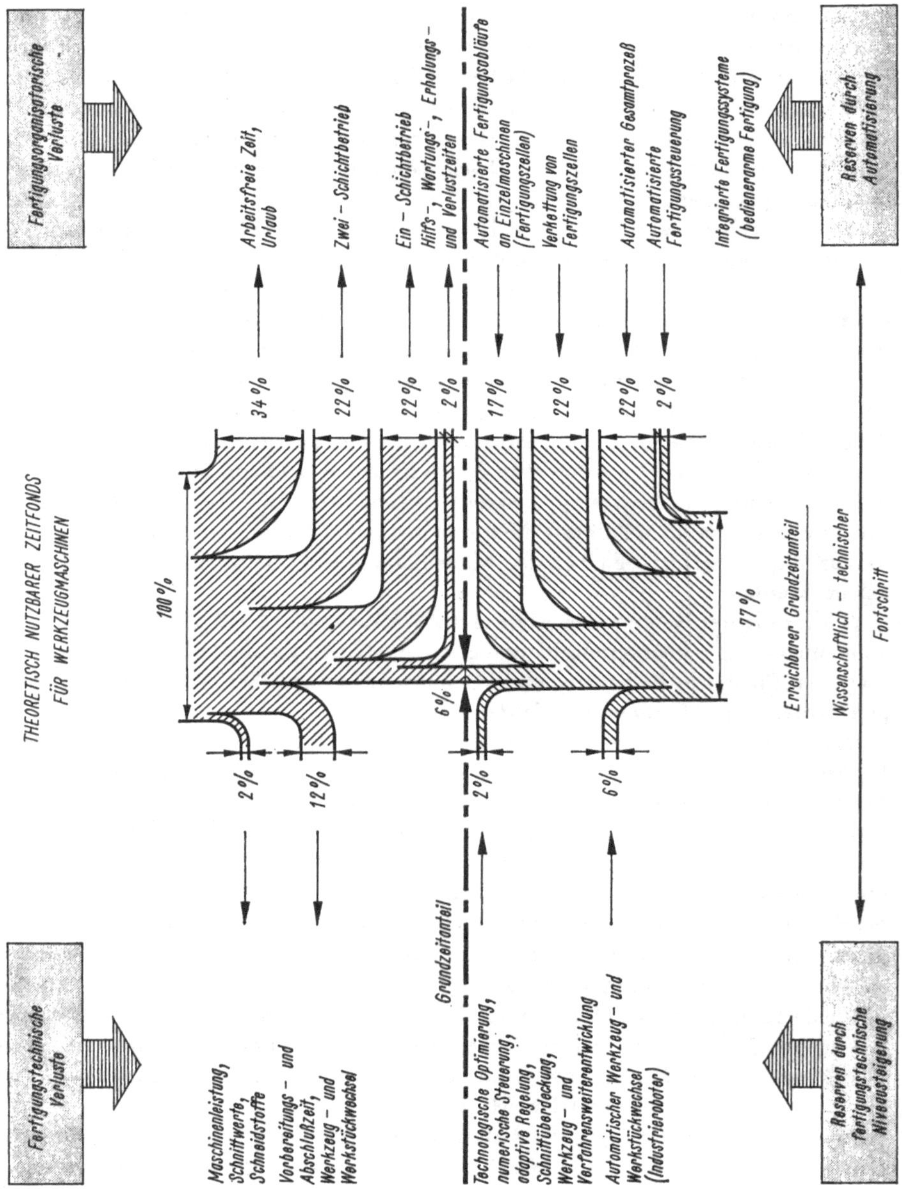

Abb. 6 Intensivierung von Fertigungsprozessen am Beispiel der Spanungstechnik

Abbildung 6 soll am Beispiel einer spanenden Werkzeugmaschine beide Wege hinsichtlich ihrer praktischen Umsetzung integrieren. [1] Infolge fertigungstechnischer und fertigungsorganisatorischer Effektivitätsverluste verbleiben heute nach internationalen Analyen ganze 6% der theoretisch nutzbaren Gesamtzeit, um den eigentlichen Bearbeitungsvorgang ablaufen zu lassen. Durch die beiden genannten Intensivierungstrends in Verbindung mit einer weiteren Erhöhung des Automatisierungsgrades von Fertigungsprozessen können aus 6% Grundzeitanteil immerhin 77% werden. Abschließend zu diesem Kapitel sei festgestellt, daß die Nutzung von für die Fertigungstechnik neuen bzw. jungen physikalisch-chemischen Wirkprinzipien einen ergänzenden Charakter behalten wird. Spanungs- und Umformtechnik bleiben stabile und bewährte Verfahrensgruppen für die mechanische Teilefertigung. Abtragverfahren mit elektromechanischen bzw. elektrochemischen Wirkprinzipien haben z. B. einen um Zehnerpotenzen höheren Energiebedarf pro abzutrennendes Materialvolumen als konventionelle Spanungsverfahren. Überhaupt wird die sich weiterentwickelnde Energiesituation die Frage, in welcher Richtung Fertigungsverfahren intensiviert werden können, zunehmend stärker beeinflussen.

2.2. Spanungstechnik

Die in vielen Prognosen belegte Aussage, daß auch bis 1990 der für Spanungstechnik in der mechanischen Teilefertigung erforderliche Zeitaufwand unverändert bleiben wird, ist unter Beachtung von Materialökonomie und Senkung des Energieaufwandes sicher neu zu durchdenken. Trotzdem kann man postulieren, daß die Spanungstechnik auch weiterhin einen wesentlichen Teil der Fertigungstechnik ausmachen wird.

Einige Anmerkungen zur Verfahrensweiterentwicklung:

Schwerpunkte der weiteren Entwicklung sind die Verfahren Drehen, Fräsen, Bohren und Schleifen. Dabei ist zu beachten, daß das Schleifen als Verfahren mit geometrisch unbestimmter Schneide einen wesentlich höheren spezifischen Energieverbrauch aufweist als die Verfahren mit geometrisch bestimmter Schneide. Damit kommt es mit der restriktiven Betrachtung des Energieverbrauches zu Schlußfolgerungen für künftige Verfahrenssubstitutionen. Es ist energiemäßig optimal, das Schleifen künftig ausschließlich in der Fein- bzw. Endbearbeitung einzusetzen und auch in der Feinbearbeitung alle Möglichkeiten des Einsatzes von Verfahren mit geometrisch bestimmter Schneide zu nutzen. Dabei wird die Leistungsfähigkeit einer Feinbearbeitung durch Drehen, Fräsen bzw. Bohren maßgeblich durch den Einsatz von superharten Schneidstoffen auf der Basis von Bornitrid erheblich gesteigert.

Als eine weitere prinzipielle Möglichkeit zur Leistungssteigerung spanender Fertigungsverfahren bestätigt sich zunehmend die Überlagerung der Wirkstelle Werkzeug/Werkstück mit zusätzlicher Wirkenergie. Als Beispiel sei die Aufbringung von Ultraschall beim Schleifen genannt. Dadurch wird spürbar die Spanbarkeit des

Werkstoffes und die Schneidhaltigkeit des Werkzeuges verbessert. Höhere Werkzeugstandzeiten, geringere Spanungskräfte und eine bessere Qualität des entstehenden Werkstückes sind die gewünschten Folgen.

Zur Weiterentwicklung produktivitätsbestimmender Fertigungsmittelparameter sollen nur einige kurzgefaßte Bemerkungen gemacht werden. Zum Werkzeug:

Der pulvermetallurgische Schneidstoff Hartmetall behält sein breites Anwendungsfeld. Seine Leistungssteigerung erfolgt durch die Bereitstellung von Mehrbereichssorten und hartmetallbeschichteten Substraten. Schneidkeramik und superharte Schneidstoffe werden neben Schnellstahl das Hartmetall ergänzen. Zu erwarten sind Schnittgeschwindigkeiten infolge dieser Werkzeugweiterenwicklung für Verfahren mit geometrisch bestimmter Schneide bis zu 20—30 m/s und für das Schleifen bis zu 100 m/s.

Damit werden Entwicklungsgrenzen für Spanungsverfahren in der Weise erreicht, daß die Grundzeit keine entscheidende Intensivierungsquelle mehr darstellt. Die Werkzeugmaschinenparameter sind diesen neuen Möglichkeiten anzupassen. Das bedeutet eine weitere Erhöhung der statischen und dynamischen Steife, ohne das Masse-Leistungsverhältnis zu verschlechtern. Zugleich wird eine weitere Leistungssteigerung bei gleichbleibendem spezifischem Energieverbrauch, eine Vergrößerung der Einstellbereiche für Drehzahlen und Vorschübe und der Übergang auch zu stufenlosen Drehzahlantrieben erforderlich. Schließlich ist zu vermerken, daß bei Erreichen von Verfahrensgrenzen im genannten Sinne weitere Stückzeitsenkungen durch Grundzeit- und Grund-Hilfszeitüberdeckungen möglich werden. Dies kann geschehen durch Mehrwerkzeugbearbeitung, Mehrfachspannung von Werkstücken, automatische Werkzeug- und Werkstückhandhabung in größerer Anwendungsbreite.

Insgesamt hat bei der Weiterentwicklung eines Fertigungsverfahrens immer eine komplexe Betrachtung des Systems Werkzeugmaschine — Werkzeug — Werkstück als technologische Einheit mit dem Ziel der besseren gegenseitigen Leistungsabstimmung zu erfolgen.

In Betrachtung der bereits genannten zwei Hauptwege zur Verfahrensintensivierung nun einige Bemerkungen zur technologischen Verfahrensoptimierung. Sie bildet gewissermaßen die zweite Etappe der technologischen Forschung nach vollzogener Verfahrensweiterentwicklung. Das Hauptfeld der Verfahrensoptimierung ist heute noch die externe Festwertoptimierung. Als Optimierungsvariable treten die technologischen Arbeitsgrößen eines Spanungsverfahrens, wie z. B. Schnittgeschwindigkeit und Vorschub und freiwählbare Fertigungsmittelparameter, wie z. B. Werkzeugdurchmesser und Schneidenzahl eines Fräskopfes, auf. Die Zielfunktionen der Optimierungsmodelle verwenden ökonomische Kategorien wie Fertigungskosten und Fertigungszeit. Die technischen Grenzen von seiten des Werkstückes, des Werkzeuges und der Werkzeugmaschine bilden das Lösungsfeld der Optimierung. Die erforderlichen Gleichungen bzw. Ungleichungen dieses Restriktionssystems konstituieren sich heute ausschließlich aus statistischen Approximationen mit vorgegebenen Definitionsbereichen unter Verwendung aktueller Meßdaten. Als Beispiele seien die Gleichungen für die Spanungskraftkomponenten, für die Werkzeugstandzeit und für die auftretende Spanform genannt, die alle als Funktionen der Optimierungsvariablen formuliert sind. Solange noch keine physikalisch determinierten Zusammenhänge zur Verfügung stehen, ist für diesen Lösungsweg eine entsprechende Prozeßmeßtechnik und eine qualifizierte statistische Auswertesoftware erforderlich. Auf rationelle Weise und mit hohem Automatisierungsgrad muß der Meßvorgang erfolgen, um den Aufwand in Grenzen zu halten, wenn man an die vielen heute üblichen Werkstoff-Schneidstoffkombinationen der technologischen Praxis denkt.

Abb. 7 Richtwertmaschine „Werkzeugverschleiß — Fräskopffräsen"

zu Abb. 7

Standzeitfunktion T; Beispiel
Werkstück: Ck 45 V; Schneidstoff: HS 345

$$T = 1{,}1 \cdot 10^5 \cdot v^{-1{,}99} \cdot s_z^{-0{,}61} \cdot a^{-0{,}47} \cdot \left(\frac{z}{d}\right)^{-0{,}7}$$

v — Schnittgeschwindigkeit
s_z — Zahnvorschub
a — Schnittiefe
z — Zähnezahl
d — Wz-Durchmesser

Abbildung 7 zeigt eine sogenannte Richtwertmaschine für den Werkzeugverschleiß beim Fräskopffräsen, wo mittels automatisierter opto-elektronischer direkter Verschleißmessung während der Bearbeitung und einer anspruchsvollen statistischen Rechnersoftware im off-line-Betrieb Standzeitfunktionen erzeugt werden, wie sie im Bild mit dargestellt werden. Auch die indirekte Werkzeugverschleißmessung während der Bearbeitung, z. B. unter Verwendung von Spanungskraftmeßdaten, ist für die Verfahrensoptimierung einer anspruchsvollen Lösung zugeführt worden.

Abbildung 8 schließlich demonstriert eine Richtwertmaschine für die Spanungskraftfunktionen beim Drehen, mit der mittels on-line-Rechnerkopplung Spanungskraftgleichungen erzeugt werden, wie sie im Bild mit ausgewiesen sind. Grundlage für solche Vorgehensweise sind leistungsfähige Sensoren für die Verfahrenskenngrößen.

Abb. 8 Richtwertmaschine „Spanungskräfte — Drehen"

zu Abb. 8

Spanungskraftfunktion F

Beispiel für das Drehen (Werkstoff: Ck 45; Schneidstoff: HS 345)

$$F_s = KS\,1 \cdot \frac{a}{\sin \varkappa} \cdot (s \cdot \sin\varkappa)^{1+KS\,2} \quad \text{(Schnittkraft)}$$

$$F_v = KV\,1 \cdot \frac{a}{\sin \varkappa} \cdot (s \cdot \sin\varkappa)^{1+KV\,2} \quad \text{(Vorschubkraft)}$$

$$F_p = KP\,1 \cdot \frac{a}{\sin \varkappa} \cdot (s \cdot \sin\varkappa)^{1+KP\,2} \quad \text{(Passivkraft)}$$

KS 1 KS 2 —
KV 1 KV 2 — } Konstanten
KP 1 KP 2 —

a — Schnittiefe
s — Vorschub
$\varkappa$ — Einstellwinkel

Abbildung 9 soll auf eine universelle statistische Auswerte-Software hinweisen, mit der heute beliebige Kenngrößengleichungen mit hoher statistischer Sicherheit rechnergestützt mittels der Meßdaten von Richtwertmaschinen erzeugt werden. Die bisher auf diesen Grundlagen entwickelten mathematischen Optimierungs-

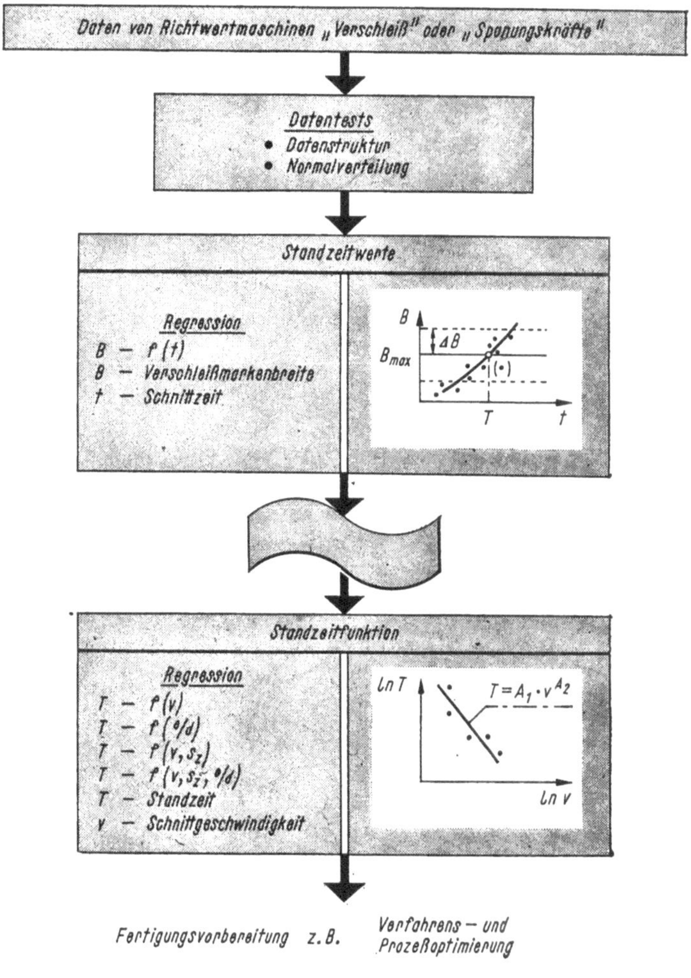

Abb. 9 Auswertsoftware „PRITO"

modelle haben für die Spanungstechnik einen solchen Stand erreicht, daß von einer einheitlichen Optimierungsstrategie gesprochen werden kann.

Abbildung 10 demonstriert die Komponente Zielfunktion dieses nichtlinearen Optimierungsmodelles. Man erkennt ein Kostengebirge in Abhängigkeit von den gesuchten Arbeitsgrößen.

Abbildung 11 soll einen Eindruck zum Aufwand vermitteln, der bei der analytischen Darstellung eines Restriktionssystems zur Formulierung der Komponente Lösungsfeld des Optimierungsmodelles getrieben werden muß. Grundlage für beide

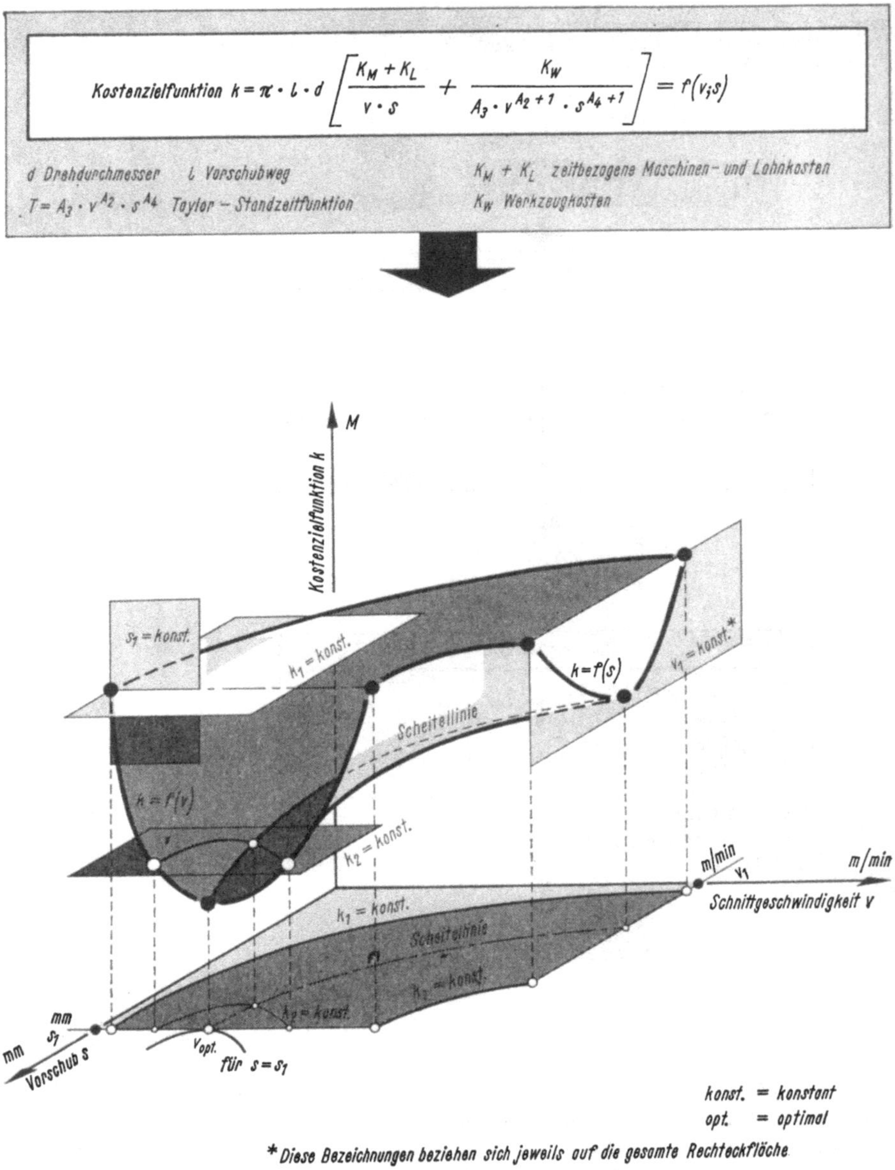

Abb. 10 Zielfunktion zur Verfahrensoptimierung

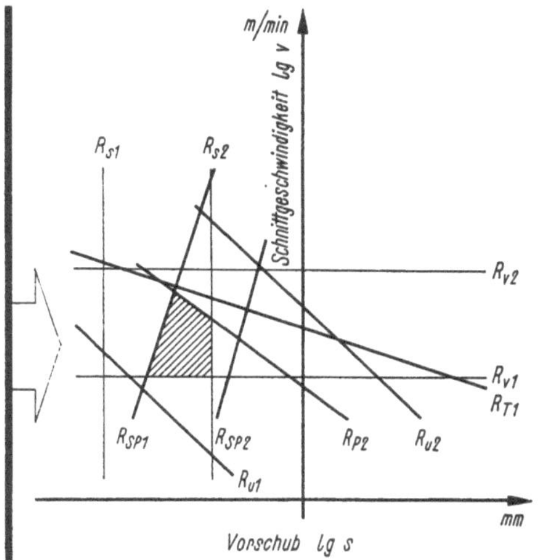

Abb. 11 Technische Grenzen als Restriktionen der Verfahrensoptimierung

Bezeichnung		BEGRENZUNGSURSACHE
$s = R_{s1}$	R_{s11}	min. WZM Vorschub
	R_{s12}	min. Spanungsdicke
	R_{s13}	max. Schnittverhältnis
$s \leqq R_{s2}$	R_{s21}	Drehmoment Arbeitsspindel
	R_{s22}	Abbiegung Werkzeug
	R_{s23}	Futterspannkraft
	R_{s24}	Maßabweichung (Systemdeformation)
	R_{s25}	Schwingung (Systemdeformation)
	R_{s26}	Zylinderformabweichung (Systemdeformation)
	R_{s27}	Axialkraft Support
	R_{s28}	Kreisformfehler Hohlteile
	R_{s29}	max. Schneidenbelastung
	R_{s210}	max. WZM-Vorschub
	R_{s211}	max. Spanungsdicke
	R_{s212}	Rauhtiefe Werkstückoberfläche
	R_{s213}	min. Schnittverhältnis
$v \geqq R_{v1}$	R_{v11}	min. WZM-Drehzahl
	R_{v12}	min. Schneidstoff-Schnittgeschwindigkeit
$v \leqq R_{v2}$	R_{v21}	max. WZM-Drehzahl
	R_{v22}	max. Schneidstoff-Schnittgeschwindigkeit
	R_{v23}	Grenzdrehzahl Spannfutter
$v \cdot s_{1+k_2} \leqq R_{p2}$	R_{P2}	WZM-Antriebsleistung
$v^{A_2} \cdot s^{A_4} \geqq R^{T1}$	R_{T1}	min. Werkzeugstandzeit
$v \cdot s \geqq R_{u1}$	R_{u1}	min. WZM-Vorschubgeschwindigkeit
$v \cdot s \leqq R_{u2}$	R_{u2}	max. WZM-Vorschubgeschwindigkeit
$v^{a_3} \cdot s \geqq R_{SP1}$	R_{SP1}	Spanformklasse 4
$v^{a_3} \cdot s \leqq R_{SP2}$	R_{SP2}	Spanformklasse 6

Modellkomponenten bilden die mittels Richtwertmaschinen erzeugten Kenngrößengleichungen, wie sie z. B. für Werkzeugverschleiß und Spanungskraft genannt wurden.

Abbildung 12 schließlich soll das nichtlineare Optimierungsmodell in der Zusammenführung von Zielfunktion und Lösungsfeld verdeutlichen, das sich als ein Randwertproblem darstellt.

Die praktische Nutzungsform einer solchen externen Festwertoptimierung in der Spanungstechnik ist heute der Schnittwertspeicher der DDR in Magdeburg als zentrale rechnergestützte Informationszentrale für Schnittwerte und weitere technologische Daten. Hier werden anwenderfreundlich die bisher implementierten Optimierungsprogramme für die Verfahren Drehen und Fräskopffräsen mit hoher Effektivität eingesetzt.

Abbildung 13 vermittelt die Struktur des Schnittwertspeichers. Wesentliche Teile sind das Spanungslabor mit Richtwertmaschinen, eine umfangreiche Datenbasis für Fertigungsmittelparameter und Verfahrenskenngrößen, eine Programmbasis für die Optimierungsrechnungen und ein leistungsfähiges Kommunikationssystem Speicher — Nutzer.

Neben einer solchen externen Festwertoptimierung gibt es heute erste Lösungsansätze für eine interne Stetigoptimierung in der Spanungstechnik. Dieser Lösungsweg berücksichtigt stochastische und determinierte Zeitvarianzen des Spanungsvorganges. Das bedeutet eine ständige Änderung des Zielfunktionswertes und Lösungsfeldbereiches des demonstrierten Modelles. Diese Varianz erfordert eine stetige Anpassung der Optimierungsvariablen an den aktuellen Prozeßzustand. Die technische Realisierung dieser höheren Optimierungsform erfolgt durch Grenz- bzw. Optimierungsregelungen an Werkzeugmaschinen, sogenannte „adaptiv control constraint“ bzw. „adaptiv control optimization“-systeme.

Der bis heute zögernde praktische Einsatz ist insbesondere auf eine ungenügend entwickelte Sensortechnik für die in-process-Messung von Verfahrenskenngrößen sowie auf zu ungenaue analoge Regeleinrichtungen zurückzuführen. Die heute mehr und mehr eingesetzte Digitalregelung unter Einsatz der Mikroelektronik eröffnet hier neue Perspektiven. Im Kompromiß zwischen externer und interner Optimierung wird ein prinzipieller zukünftiger Entwicklungsweg gesehen.

Aus den Darstellungen zur Verfahrensoptimierung erkennt man, daß die externe und interne Optimierung zum Teil gleiche Forderungen an die technologische Forschung in der Spanungstechnik stellen. Parallel zu dieser eben geschilderten Art von mathematischen Modellen werden in der spanungstechnischen Verfahrensforschung auch Anstrengungen unternommen, die erforderlichen Modellgleichungen für die Verfahrenskenngrößen wie Kräfte, Werkzeugverschleiß, Spanform usw. gemäß dem vorn genannten prinzipiellen ersten Lösungsweg streng physikalisch abzuleiten, z. B. mit plastizitätsmechanischen Ansätzen zur Beschreibung des Spanbildungsmechanismusses als einen Umformvorgang mit Werkstofftrennung. Natürlich sind dazu auch Messungen erforderlich. Diese müssen die erforderlichen Werkstoffkenngrößen bereitstellen und auch die gefundene Lösung bestätigen.

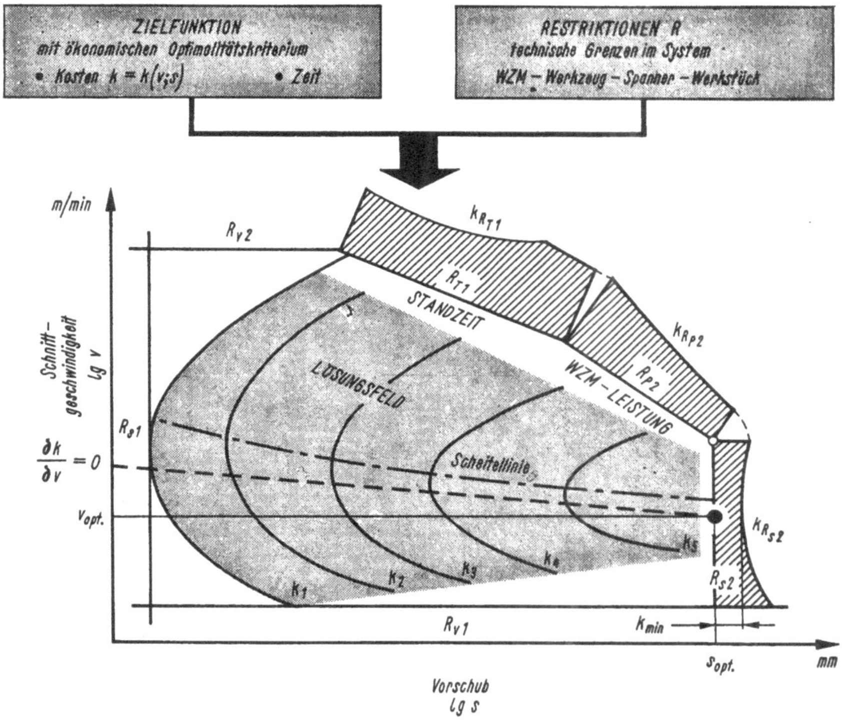

Abb. 12 Mathematisches Modell zur Verfahrensoptimierung

2.3. Umformtechnik

Unter Beachtung der Energie- und Rohstoffsituation ist es erforderlich, einer umfassenden Anwendung der Umformtechnik Vorschub zu leisten. Bei der Fertigung massiver Werkstücke, für die sowohl Umformtechnik als auch Spanungstechnik als technische Lösung in Frage kommen, ist nach neueren Untersuchungen der Energieaufwand unter Einbeziehung des Energiebedarfes für die Werkstoffherstellung bei spanender Bearbeitung mit geometrisch bestimmter Schneide und bei umformender Fertigung etwa gleich groß, wenn ohne Werkstoffverlust durch Grat bzw. Späne gearbeitet werden könnte. Bezieht man jedoch die Werkstoffausnutzung in die vergleichende Betrachtung mit ein, so benötigen Massivumformverfahren etwa die Hälfte der durch Spanungstechnik benötigten Energie. [2]

Aus diesen Aussagen ergibt sich die Forderung zur verstärkten Anwendung der Umformtechnik und damit zur Reduzierung des Anteils der Spanungstechnik in der Teilefertigung. Voraussetzung ist allerdings die weitere Senkung wirtschaftlicher Grenzstückzahlen für Umformverfahren.

Im Vergleich zum Spanungsvorgang, der für jedes Spanungsverfahren auf einen

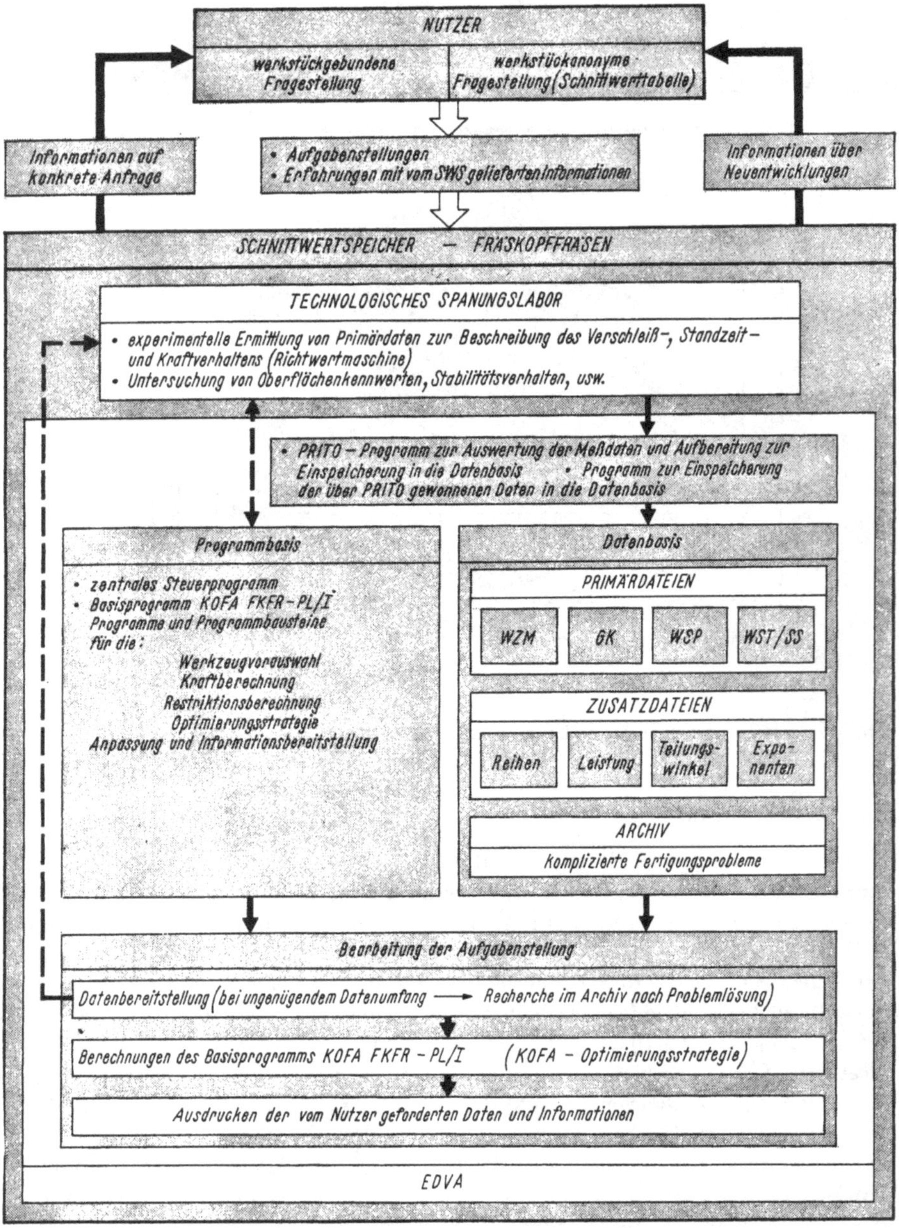

Abb. 13 Gesamtstruktur des Schnittwertspeichers der DDR

Grundmechanismus zurückgeführt werden kann, gibt es für Umformverfahren keinen solchen einheitlichen Grundvorgang. Eine Ursache ist der hohe Formspeichergrad umformtechnischer Werkzeuge. Daraus ergibt sich gegenüber der Spanungstechnik eine andere Herangehensweise. Deshalb wurde und wird für die Darstellung der analytischen Zusammenhänge zwischen den Eingangs-, Kenn- und Ausgangsgrößen (Abb. 5) mehr vom ersten der beiden genannten Lösungswege für die mathematische Modellierung Gebrauch gemacht.

Dazu werden in der Umformtechnik vor allem plastizitätsmechanische Lösungsansätze, Erkenntnisse der Festkörperphysik und für die Werkzeuggestaltung die Methode der finiten Elemente genutzt, die in Zukunft auch für Berechnungen im plastischen Bereich Bedeutung gewinnen wird. Abbildung 14 zeigt ein Beispiel für die Vernetzung eines Aufnehmers für das Vorwärtshohlfließpressen von Kolbenbolzen.

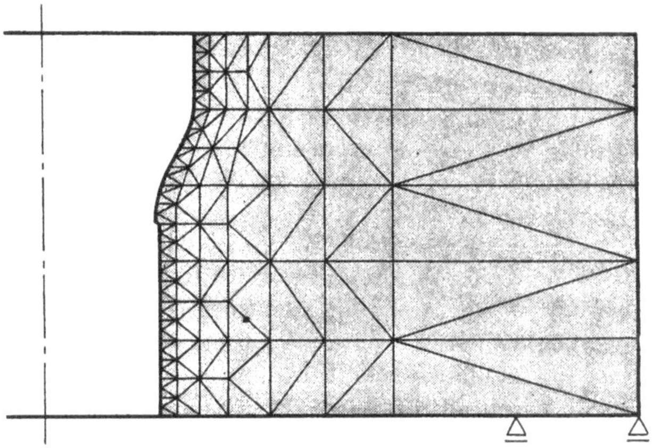

155 Dreieckelemente
370 Knoten
Bandbreite 168

Abb. 14 Vernetzung eines Aufnehmers für das Vorwärtshohlfließpressen von Kolbenbolzen

Man kann feststellen, daß auf diesem Wege die wissenschaftliche Durchdringung der Umformvorgänge bemerkenswert weit fortgeschritten ist, aber die Genauigkeit der Ergebnisse ist für die technologische Praxis noch nicht befriedigend. Letztlich sollen diese Bemühungen bewirken, daß dem Entwicklungstrend der immer besseren Annäherung des Umformteiles an die Werkstücksollform Rechnung getragen wird.

Analog zur Spanungstechnik soll nun auch hier auf die beiden Wege einer Verfahrensintensivierung eingegangen werden. Zunächst einige Bemerkungen zur Weiterentwicklung von Umformverfahren. Schwerpunkte sind die Verfahren Tiefziehen, Biegen, Gesenkschmieden und Fließpressen als Kalt- bzw. Warmumformung. Weiterhin gewinnen neuere Verfahren des Feinschneidens, der Umformung dicker Bleche, des Pulverschmiedens, der Walzumformung sowie des Flüssigpressens, eigentlich ein Umformverfahren, zunehmende Bedeutung. Die stärkere Beachtung des Zusammenspiels von Umformmaschine, Umformwerkzeug und Werkstück als technologische Einheit nimmt auch in der Umformtechnik zu. So kann z. B. zur Massivumformung festgestellt werden, daß der Anwendung der entsprechenden Fertigungsverfahren viel öfter durch die hohe mechanische und thermische Beanspruchung der Werkzeugaktivelemente Grenzen gesetzt werden als durch eine Erschöpfung des Umformvermögens des Werkstoffes. Die Verfahren der Massivumformung bedürfen überhaupt heute besonderer Aufmerksamkeit, weil diese in den letzten Jahren eine progressive Entwicklung genommen haben und des öfteren im Interesse höherer Wirtschaftlichkeit zum Austausch von Spanungsverfahren geführt haben.

Wenn heute nun auch für die Umformtechnik die systematische Suche nach neuen Fertigungsverfahren nicht mehr primär aktuell ist, so soll doch auf solche jungen Verfahren hingewiesen werden, wie das schon genannte Flüssigpressen, d. h., ein Verpressen von flüssigem Metall zu festen Formstücken bis zur völligen Erstarrung und das Pulverschmieden, d. h. eine Kombination der klassischen Sintertechnik mit dem Schmieden zur Fertigung komplizierter Werkstücke mit guter Maß- und Formgenauigkeit. Die Weiterentwicklung der Umformwerkzeuge erfolgt mit dem Ziel, die Standmengen zu erhöhen und die Werkzeugleistungsparameter besser an die der Umformmaschine anzupassen. Das geschieht z. B. durch den Einsatz von verbesserten Hochleistungsstählen und Hartmetallen als Werkzeugwerkstoff und eine sorgfältig abgestimmte Werkzeugoberflächenbehandlung bzw. -beschichtung sowie durch den Einsatz optimierter Hilfsstoffe zur Kühlung und Schmierung. Auch die Notwendigkeit, die Hilfszeiten in der umformenden Teilefertigung weiter zu senken, beeinflußt die Werkzeugweiterentwicklung wesentlich.

Für die Weiterentwicklung der Umformmaschinen lassen sich ähnliche Tendenzen erkennen, wie bei den spanenden Werkzeugmaschinen. Auch hier muß die statische und dynamische Steife der Maschine optimiert werden, z. B. durch Massenausgleich bei schnellaufenden Pressen. Stufenlose Hubzahlregelungen gewährleisten eine gute Anpassung an den Fertigungsablauf. Eine automatisierte Werkzeug- und Werkstückhandhabetechnik sichert auch hier eine weitere Senkung der Stückzeiten im Hinblick auf Hilfszeitanteile.

Abschließend im Kapitel Umformtechnik einige Hinweise zur technologischen Verfahrensoptimierung als zweite Intensivierungsmöglichkeit. Infolge der begrenzten Möglichkeiten in der Umformtechnik, mittels frei wählbarer Parameter die wirtschaftliche Gestaltung des Verfahrens beeinflussen zu können, liegt der Schwerpunkt der für eine technologische Optimierung erforderlichen Verfahrensmodellierung in der Werkzeuggestaltung. Die rechnergestützte Parameterbestimmung für Werkzeugaktivelemente konstituiert sich zu einem Schwerpunkt der externen Verfahrensoptimierung in der Umformtechnik. Letztlich muß, ausgehend von der

Fertigungsaufgabe und dem gegebenen Fertigungsmittel, vorausberechnet werden können, ob bzw. unter welchen Bedingungen das Umformvermögen des Werkstoffes erschöpft ist und welche Deformationen der Werkzeugaktivelemente durch die mechanische und thermische Belastung beim Umformen wo auftreten und mit welchen optimalen Werkzeugparametern die geforderte Werkstückqualität eingehalten werden kann. Für Umformwerkzeuge mit geringem Formspeichergrad, wie z. B. das Drücken, gelten der Spanungstechnik entsprechende Tendenzen. Die Werte für kinematische Arbeitsgrößen können auch hier als frei wählbare Parameter zur technologischen externen Optimierung genutzt werden. Voraussetzung für solche mathematischen Modellierungen ist auch in der Umformtechnik eine entsprechende Datenbasis für technische und ökonomische Primärdaten.

Die praktische Realisierung einer solchen Forderung ist mit dem aufzubauenden Prozeßspeicher Umformtechnik vorgesehen, der das Gegenstück zum Schnittwertspeicher in der Spanungstechnik darstellt.

Eine interne Verfahrensoptimierung, d. h. die Berücksichtigung aktueller Fertigungsprozeßzustände, möglichst im Echtzeitbetrieb, geschieht in der Umformtechnik durch Diagnosesysteme zur selbsttätigen Prozeßüberwachung.

Als Beispiele seien die Signalerfassungen und Signalrückkopplungen zur Preßkraft-, Verschleiß-, Schmierungs-, Bruch- und auch zur Werkstückqualitätskontrolle genannt. Auch in der Umformtechnik wird die Prozeßmeßtechnik zur online-Prozeßführung ein neuer Schwerpunkt im Interesse einer internen Verfahrensoptimierung.

3. Ausblick zur bedienerlosen Fertigung aus dem Blickfeld der Spanungs- und Umformtechnik

Die für die neunziger Jahre angestrebte bedienerlose bzw. bedienerarme Fertigung ist natürlich in erster Linie eine Frage anspruchsvoller Automatisierungstechnik.

Aber das durch Prozeßautomatisierung angestrebte Ziel, eine Schicht bzw. sogar zwei Schichten im Fertigungsbetrieb autonom zu realisieren, d. h., den Menschen aus dem Fertigungsprozeß herauszunehmen, erfordert ein harmonisches Zusammenspiel von Entwicklungsarbeiten zur Automatisierungstechnik und technologischer Forschung. Ein störungsfreier Ablauf sowohl in der Grundzeit als auch in der Hilfszeit der Fertigung erfordert qualifizierte mathematische Prozeßmodelle und eine ausgereifte Sensortechnik sowohl für das Betreiben von Werkzeugmaschinen als auch für den Einsatz von Industrierobotern für die Werkzeug- und Werkstückhandhabung.

Ein prozeßnaher Mikrorechner in einer Maschinensteuerung oder in einem Industrieroboter zur Prozeßführung spanungstechnischer oder umformtechnischer Vorgänge kann nur das im Echtzeitbetrieb verarbeiten, was vorher im Prozeß, d. h. im Arbeitsraum der Maschine, gemessen wurde. Und die Qualität des Rückkopplungsergebnisses hängt vom erarbeiteten Prozeßmodell ab. Für den künftigen

Einsatz integrierter flexibler Fertigungssysteme als bedienerarmer Betrieb ist es weiterhin erforderlich, die bei der Kopplung mehrerer Fertigungsverfahren in Form von Arbeitsstufen und Arbeitsgängen zu einem automatisierten Fertigungsprozeß entstehenden fertigungsorganisatorischen Sachverhalte in die bei den Fertigungsverfahren nur fertigungstechnisch ausgelegten mathematischen Modelle mit einzubeziehen. Ansätze auf der Grundlage der Polyoptimierung, d. h. der gleichzeitigen Berücksichtigung von Kosten- und Zeitzielfunktionen, brachten erste erfolgreiche Pilotlösungen.

Abbildung 15 zeigt die graphische Darstellung des Kosten-Zeit-Verhaltens bei Anwendung der Polyoptimierung in der Losfertigung für Spanungsverfahren. Neben fertigungstechnischen Parametern wie Schnittgeschwindigkeit und Vorschub werden mittels der dargestellten Kosten-Zeit-Funktionen der definierten Arbeitsstufen eines Prozeßteiles auch solche fertigungsorganisatorische Parameter wie Schichtregime und Anzahl der erforderlichen Werkzeugmaschinen optimiert.

Mit einer solchen neuartigen technologischen Software verbinden sich die technologischen Problemstellungen Fertigungsvorbereitung, Fertigungsdurchführung und Fertigungssteuerung immer enger. Gleichzeitig wird mit ihr gesichert, daß die Umsetzung neuer wissenschaftlicher Erkenntnisse der Verfahrens- und Prozeßforschung zügiger erfolgt und dem beginnenden Einsatz anspruchsvoller und entsprechend teurer rechentechnischer Hardware eine äquivalente niveauvolle Problemsoftware gegenüber steht.

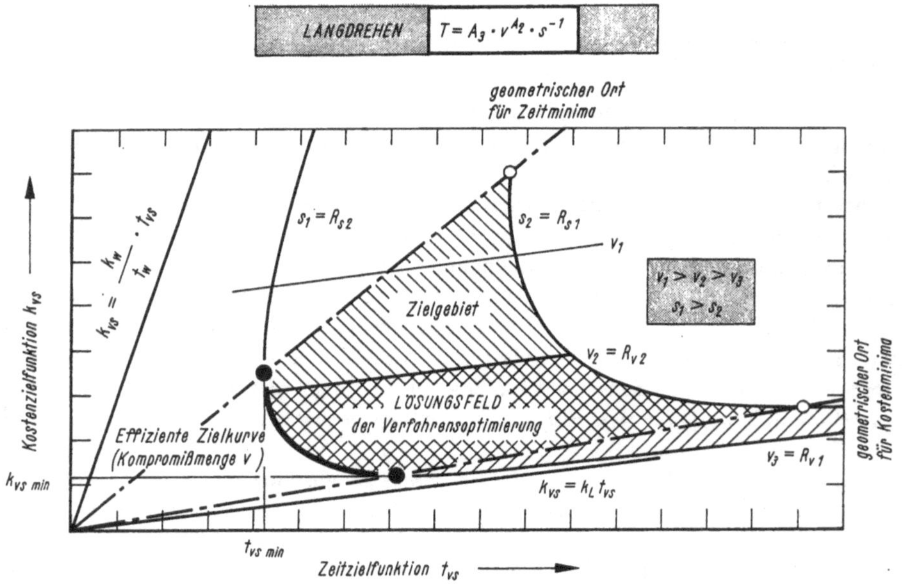

Abb. 15 Polyoptimierung spanender Prozesse bei Losfertigung

Literatur

[1] Internationale Forschungsgemeinschaft für mechanische Produktionstechnik CIRP, Technisches Komitee für Spanungstechnik. Bericht vom internationalen Seminar für fertigungstechnische Informationszentren (englisch) Januar 1975.

[2] LANGE, K.: Energieeinsparung und Fertigungstechnik, wt-Z. ind. Fertigung, **68** (1978) 535/537.

Detlef Kochan

Entwicklung der Formgebungsverfahren im Maschinenbau, insbesondere durch Rechnereinsatz

1. Charakteristik des Entwicklungsstandes

Die dominierende Bedeutung der automatisierten Informationsverarbeitung für die Intensivierung der Formgebungsprozesse ist nach nur 15jähriger Forschungsarbeit in den führenden Industriekombinaten und den fertigungstechnischen Sektionen im Hochschulbereich voll erkannt. Durch die zunehmende Verfügbarkeit mikroelektronischer Baugruppen mit immer günstigerem Preis-Leistungs-Verhältnis wird diese Entwicklung weiter dynamisch beschleunigt.

Die vielfältigen Formen zur effektiven Nutzung der Rechentechnik in der mvI sind im wesentlichen 3 Aufgabenkomplexen zuzuordnen (s. Abb. 1).

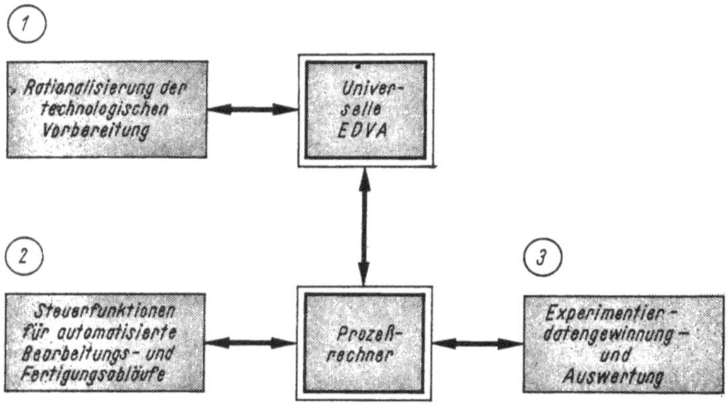

Abb. 1 Nutzung der Rechentechnik zur Intensivierung der Formgebungsverfahren

1. Rationalisierung der technologischen Fertigungsvorbereitung. Dazu soll im folgenden etwas ausführlicher diskutiert werden.
2. Intensivierung der Teilefertigung durch Automatisierung mittels freiprogrammierbarer Steuerungstechnik.

Die damit gegebenen erweiterten Möglichkeiten vielfältiger gesteuerter und geregel-

ter Funktionsrealisierungen sind die unmittelbare Voraussetzung zum angestrebten Entwicklungsziel der bedienarmen Fertigung.
3. Nutzung von Prozeßrechner — on — line-Kopplung zur Intensivierung der Forschungsprozesse selbst. Erste Beispiele dieser Entwicklung charakterisierte Koll. Jacobs im vorangegangenen Beitrag am Beispiel der Richtwertmaschinen Drehen und Fräsen.

2. *Rechneranwendung in der technologischen Vorbereitung*

Betrachtet man die in den vergangenen Jahren durchgeführten Arbeiten zur Rechnernutzung in der technologischen Vorbereitung aus der Sicht der Anwendungsorientierung, so lassen sich zwei Hauptrichtungen herausstellen:
1. Unmittelbare Rationalisierung des Datenflusses, der Datenspeicherung und -verwaltung, -reproduktion, des Änderungsdienstes und weiterer Aufgaben der verschiedenen Informationstätigkeiten und des Auftragsbelegwesens, wie sie im Zusammenhang mit der Fertigungs- u. Produktionsplanung, Leitung und Kontrolle anfallen.
Die vorrangigen Aufgaben der Industrieforschung wurden und werden in den führenden Kombinaten erfolgreich gelöst (z. B. VEB Kombinat Umformtechnik Erfurt).
2. Grundlegende Untersuchungen zur Übernahme formalisierbarer ingenieurtechnischer Aufgaben für wesentliche fertigungstechnische Entscheidungskomplexe. [1] Im Ergebnis dieser Arbeiten wurden insbesondere für die Verfahren der Abtrenn-, Umform- und Zerteiltechnik eine Anzahl von Modellen und Rechnerprogrammen bis zur Anwendungsreife entwickelt.
Diese Lösungen in Form von
- Berechnungsprogrammen für definierte fertigungstechnische Teilprobleme (wie z. B. Werkzeugkonstruktion, Arbeitswerte und Zeitermittlungen)
- Programmiersysteme für die Prozeßausarbeitung und rechnergestützte Fertigungsvorbereitung numerisch gesteuerter Maschinen u. a. m.

werden zunehmend praktisch genutzt.
In Verbindung mit der progressiv ansteigenden Leistungsfähigkeit, der Bedienfreundlichkeit und der Verfügbarkeit der automatisierten Informationsverarbeitungstechnik ist damit eine Basis für eine effektive Höherentwicklung gegeben. Diese inhaltliche Höherentwicklung erfordert weitergehende Modellierungen in den zwei Problembereichen für
- technologische und
- geometrische Sachverhalte.

2.1. Technologische Modellierung

Als derzeitig höchste Form der Modellierung technologischer Bearbeitungsbedingungen in der Formgebung sind die Programme zur Optimierung fertigungstechnischer Arbeitsgrößen herauszustellen, wie sie schon im Beitrag von Koll. Jacobs charakterisiert wurden. [2, 3]

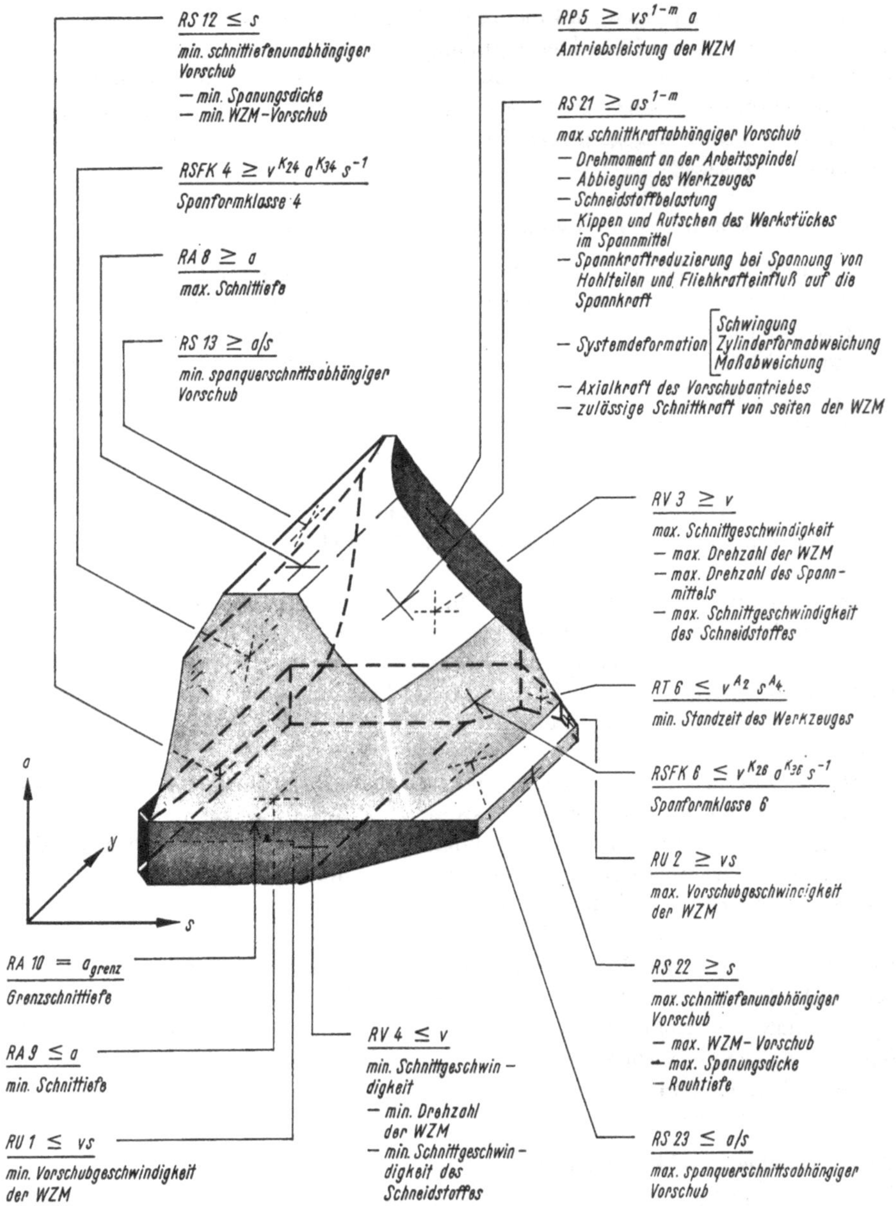

Abb. 2 AUTOTECH/KOFA 3 — Restriktionssystem

Das zugrundeliegende Modell der externen Festwertoptimierung gliedert sich in den durch die technischen Grenzen des Systems Werkzeugmaschine-Spannmittel-Werkstück-Werkzeug gebildeten Lösungsbereich und in das durch die Bearbeitungskosten bzw. -zeit formulierte Optimalitätskriterium.

Die Aussagekraft und Zuverlässigkeit dieser Modelle unter den Aspekten der Produktivitätserhöhung wird im hohen Maße von der möglichst exakten Determinierung und Quantifizierung aller Einflußfaktoren bestimmt.

Wichtigster und auch umfangreichster Bestandteil des Programms ist das Restriktionssystem.

In Abbildung 2 wird das Restriktionssystem für das derzeitig am weitesten entwickelte Optimierungsprogramm für das Drehen veranschaulicht. [4]

Als wesentliche qualitative Verbesserungen gegenüber vorausgegangenen Entwicklungen und auch dem internationalen Niveau (u. a. [5]) sind dabei folgende Punkte zu sehen:

1. Verbesserung der Berechnungsgrundlagen für die Restriktionen
   - „zulässige Schnittkraft bezüglich Kippen und Rutschen des Werkstückes im Dreibackenfutter“ und
   - „Systemdeformation“.
2. Erweiterung des Restriktionssystems bezüglich
   - „zulässige Spannkraft bei Hohlteilen“
   - „Fliehkrafteinfluß der Spannbacken“
   - Berücksichtigung der Spanformung beim Einsatz von Wendeschneidplatten sowie
   - Erweiterung des Systems auf die Schlichtbearbeitung.

Mit diesen Verbesserungen und Erweiterungen des Restriktionssystems wird eine höhere Zuverlässigkeit und größere Anwendungsbreite der berechneten Arbeitswerte erreicht (s. Abb. 3).

Mit der Einbeziehung solcher Restriktionen wie z. B. Fliehkraftverhalten der Spannmittel und der Spanformklassen sind auch insbesondere mit den letzteren solche Grenzen mit erfaßt, die für die

- Automatisierte Beherrschung der Verfahrensabläufe
  (Spanformklasse 4 [6] in der Abbildung links veranschaulicht)
- energie- und materialökonomische Beeinflussung
  (Spanformklasse 6 [6] in der Abbildung rechts)

von Bedeutung sind.

Zahlreiche Untersuchungen zum Einsatz technologischer Optimierungsprogramme in Betrieben der metallverarbeitenden Industrie haben eindeutig den Rationalisierungseffekt, der durch die Anwendung optimaler technologischer Arbeitswerte erreicht werden kann, aufgezeigt und gleichzeitig durch die praktische Realisierung der berechneten Arbeitswerte die Richtigkeit des eingeschlagenen Weges bewiesen.

Nachdem mit diesen Programmen damit die werkstückanonyme und werkstückgebundene Optimierung bei der Ermittlung fertigungstechnischer Arbeitsgrößen sicher beherrscht wird, (s. Abb. 4) sind für die Weiterentwicklung folgende Schwerpunkte von besonderem Interesse:

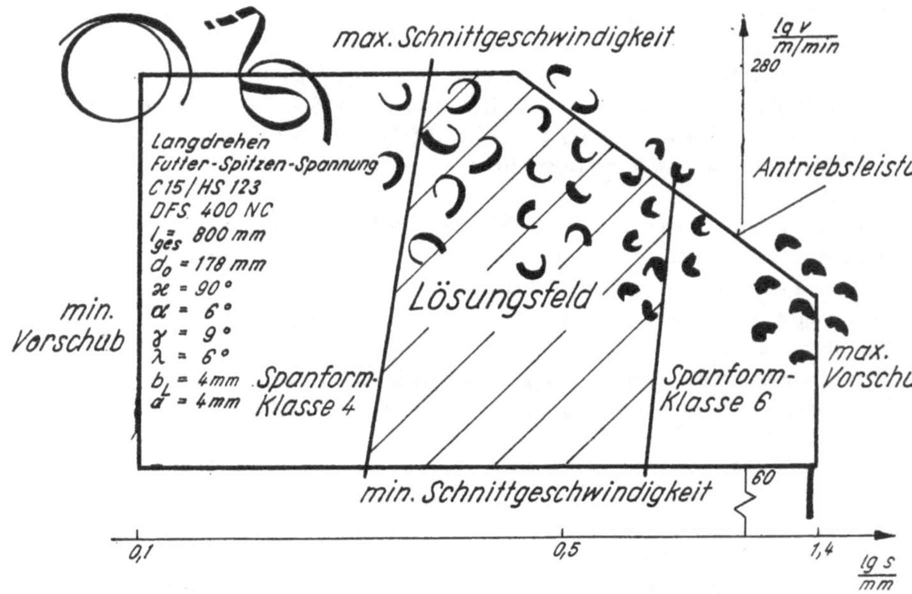

Abb. 3 Restriktionssystem für das Optimierungsprogramm AUTOTECH/KOFA 3

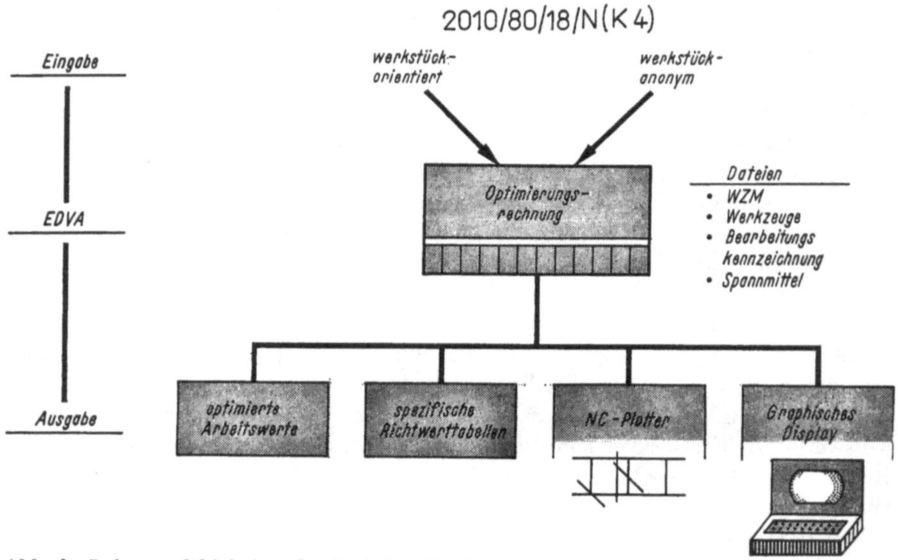

Abb. 4 Leistungsfähigkeit technologischer Optimierungsprogramme

- volles Ausnutzen des komplexen Informationsgehaltes mittels digitalgraphischer Methoden
- Einbeziehen in technologische Programmiersysteme hoher Ausbaustufe.

2.1.1. Nutzung digitalgraphischer Methoden

zur technologisch fundierten Bewertung von Fertigungsmitteln auf der Basis von Optimierungsprogrammen

Außer der Anwendung von NC-Zeichentischen zur Darstellung von Restriktionssystemen, Lösungsfelder und Kostenzielfunktionsverlauf zum Erkennen der für tatsächliche Bedingungen gegebenen wechselseitigen Abhängigkeiten im System Werkzeugmaschine — Spannmittel — Werkzeug — Werkstück ist die Nutzung von aktiven graphischen Bildschirmgeräten von vorrangiger Bedeutung.

Die Vorteile der auf den jeweiligen Sachverhalt verdichteten und im Gesamtzusammenhang erfolgenden graphischen Darstellungen von Restriktionssystemen und Zielfunktionsverläufen werden damit weiter erhöht, indem die Auswirkungen der Veränderung einzelner Parameter unmittelbar veranschaulicht werden können.

Eingabeparameter	RS 1	RS 21	RS 23	RS 24	RS 25	RS 26	RS 27	RS 28	RP 5	RV 4	RV 3	RU 1	RU 2
Schnittiefe		X	X	X		X	X		X				
Drehmoment RMD			X										
Zulässige Vorschubkraft der WZM FVZUL						X							
Antriebsleistung der Frässpindel PA									X				
minimale Drehzahl RNmin										X			
maximale Drehzahl RNmax											X		
Einstellwinkel RKAP		X	X	X		X	X		X				
Werkzeug-durchmesser D		X	X	X		X	X		X	X	X	X	X
Zähnezahl Z		X	X	X		X	X		X			X	X

Abb. 5 Darstellung einiger Eingabeparameter und der durch sie beeinflußten technischen Grenzen

Dabei ist davon auszugehen, daß in den Funktionsgleichungen für Kostenzielfunktionen und Restriktionssystemen verfahrensabhängig ca. 50—80 unterschiedliche variable Größen in ihrer wechselseitigen Abhängigkeit erfaßt sind. Im Bild 5 sind am Beispiel Stirnfräsen einige der Abhängigkeiten veranschaulicht.

Diese somit charakterisierten vielfältigen Verflechtungen verdeutlichen die Notwendigkeit zum effektiven Nutzen von Dialogprinzipien am aktiven graphischen Bildschirm. (s. Abb. 6)

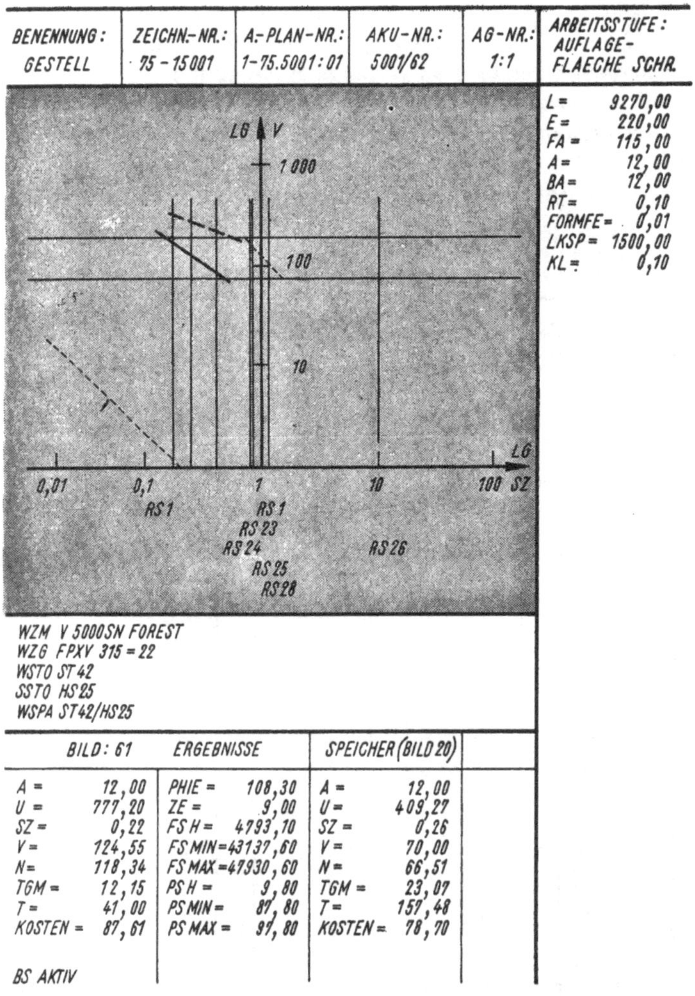

Abb. 6 Bildschirmausgabe für das Optimierungsprogramm Stirnfräsen

Damit wird eine differenzierte Bewertung von Fertigungsmitteln, d. h. der in Frage kommenden Werkzeugmaschinen, Spannmittel, Werkzeuge bzw. ausgewählter Parameter ermöglicht.

Die Fertigungsmittelbewertung basiert auf der Einschätzung des Lösungsfeldes, das für ein vorgegebenes Bearbeitungsbeispiel auf der Grundlage des jeweils einbezogenen Optimierungsprogrammes entsteht.

Das Bild 6 zeigt ein solches Lösungsfeld, dargestellt durch seine Restriktionen und die zugrunde liegenden Parameter der Fertigungsmittel und des jeweiligen Bearbeitungsbeispieles. Alle Eingabeelemente des zugrunde liegenden Optimierungsprogrammes und unterschiedliche Parameter können über Funktionstastatur bzw. Lichtstift aktiviert und mit neuen Werten belegt werden.

Mittels digitalgraphischer Methoden kann sowohl die

— konstruktive Auslegung und Bewertung von Fertigungsmitteln ausgehend von technologischen Erfordernissen, als auch die
— Bewertung der technologischen Eignung für bestimmte Bearbeitungsprobleme bzw. Klassen von Fertigungsaufgaben rationell und objektiv erfolgen.

2.1.2. Einbeziehung von Optimierungsmodellen in technologische Programmiersysteme hoher Ausbaustufe

Das Einbeziehen von Optimierungsmodellen in höher entwickelte Programmiersysteme ist als ein — auch international — z. Z. noch ungelöstes Problem zu nennen.

Die Lösung dieses Problems ist deshalb so bedeutungsvoll, da für numerisch gesteuerte Maschinen ohne zusätzlichen hardwaremäßigen Aufwand eine wirkungsvolle Ausnutzung jeweils gegebener technisch-ökonomischer Parameter gesichert werden könnte.

Die in Abbildung 7 gezeigte, stark vereinfachte Darstellung des Einheitlichen Systems der maschinellen Programierung des RGW (ESMP) soll zur Charakteristik der Problemstellung dienen. Eine allgemeingültige Lösung der Einbeziehung komplexer Optimierungsmodelle erfordert für unterschiedliche geometrische Gegebenheiten das Verknüpfen mit verschiedenartigen technologischen Programmbausteinen.

Dabei stellen die geometrische Vielfalt der Bearbeitungsaufgaben und die Komplexität fertigungstechnischer Einflußfaktoren im System Werkzeugmaschine — Werkzeug — Spannmittel — Werkstück hohe Anforderungen an die Programmbausteine. Deshalb wurde an der TU Dresden eine Lösung erarbeitet, deren hohe Flexibilität bei der Bestimmung der Bearbeitungskinematik stets einen günstigen Bearbeitungsablauf gewährleistet. [7]

Die Berücksichtigung aller wesentlichen technischen Einflüsse durch ein analytisches Modell des Zerspanungsprozesses garantiert darüber hinaus Spanungsparameter, die im Sinne eines betrieblichen Effektivitätskriterium optimal sind.

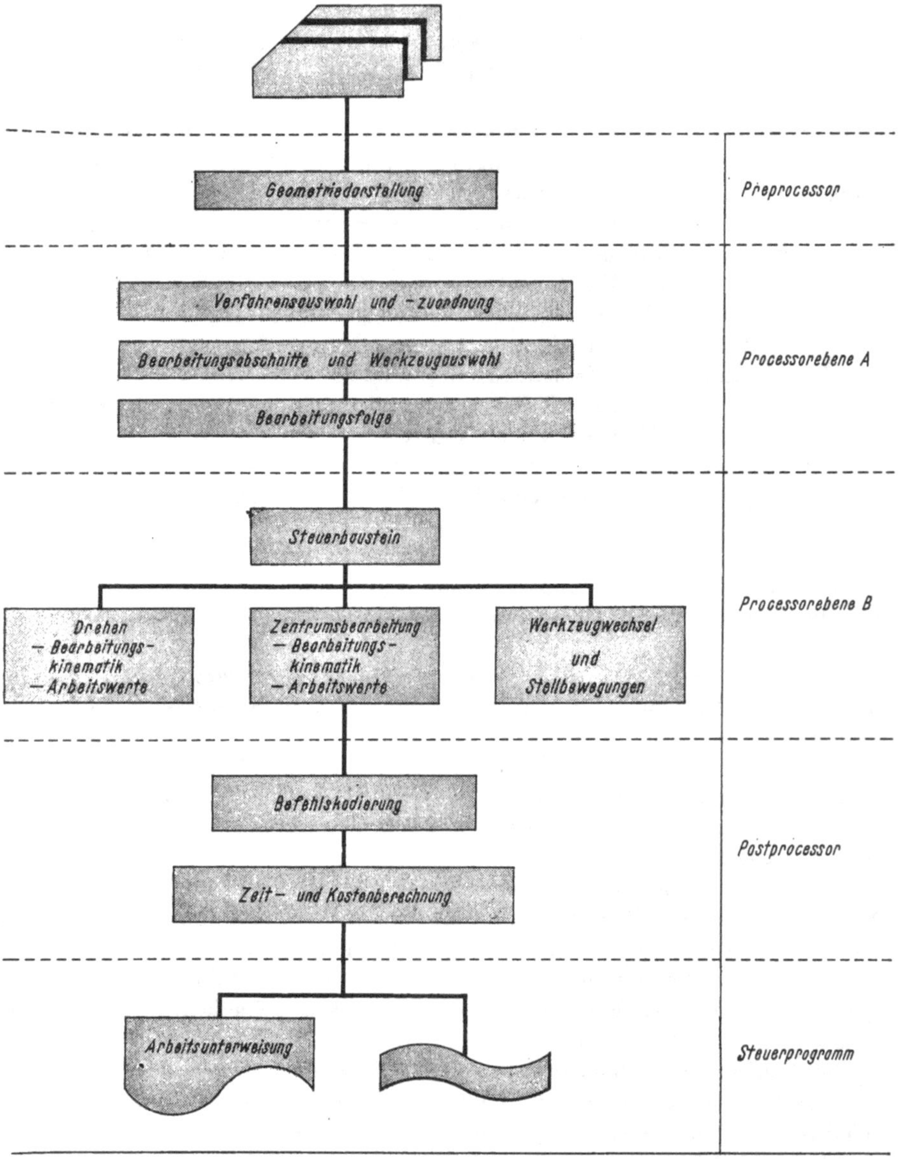

Abb. 7 Struktur des einheitlichen Systems der maschinellen Programmierung des RGW

2.2. Geometrische Modellierung

Die Lösung der fertigungstechnischen Aufgabe mit Rechnerunterstützung setzt eine exakte Beschreibung und rechnerische Darstellung des geometrischen Bearbeitungsproblems und der daraus abgeleiteten Werkzeugbewegungen voraus. Ein wesentlicher Bestandteil rechnergestützter Arbeitsweisen in der Fertigungstechnik ist deshalb die möglichst nach einheitlichen Prinzipien erfolgende Beschreibung vorliegender geometrischer Sachverhalte. [1]

Für die differenzierten Anforderungen der Formgebungsprozesse sind unterschiedliche geometrische Beschreibungsmöglichkeiten erforderlich. In den bekannten Programmiersystemen ist ein breites Spektrum geometrischer Beschreibungsformen verfügbar, welches für alle Steuerungsmodifikationen (P-Punkt-, S-Strecken; B-Bahnsteuerungen) und vorwiegend spanende — aber auch umformende Verfahren — ausgenutzt werden kann. (s. Abb. 8)

Mit diesen geometrischen Beschreibungsformen kann der Teileprogrammierer ohne Berechnungsaufwand beliebige geometrische Objekte definieren. Die unter-

Geometrische Beschreibung	Steuerung			Typische Verfahren
Einzelpunkte	P	S	B	Bohren, Fräsen, Stanzen, Brennschneiden
Punktmuster	P	S		Bohren
Geraden		S	B	Fräsen, Schleifen
Kreise			B	Fräsen, Profilschleifen
Punktfolgen (beliebige Kurvenelemente)			B	Fräsen
Streckenzüge (rechtwinklig)		S		Fräsen, Drehen
Flächenelemente (1. Ordnung)		S		Fräsen
definierte Flächenelemente (2. Ordnung)		S	B	2 D-Fräsen
beliebige Flächenformen			B	3-5 D-Fräsen
Translation (Punkte, Punktmuster, Streckenzyklen)	P	S	B	Bohren, Fräsen, Schleifen
Translation von Koordinatensystemen	P	S		Bohren, Fräsen, Schleifen, Drehen
Spiegelung	P	S	B	Bahnfräsen
Drehen (insbesondere für Koordinatensysteme)	P	S		Bohren

Abb. 8 Charakteristik geometrischer Beschreibungsmöglichkeiten

schiedlichen Definitionsmöglichkeiten für die angegebenen geometrischen Sachverhalte werden jeweils in eine einheitliche rechnerinterne Darstellung — die sogenannte Normalform — gebracht [1].

Mit den Systemen zur maschinellen Programmierung numerisch gesteuerter Maschinen stehen damit für die häufigsten Problemstellungen praktikable methodische Hilfsmittel zur Verfügung.

Dagegen ist die Modellierung geometrisch komplizierter Objekte mit doppelt gekrümmten Formelementen ein wissenschaftlich anspruchsvolles Arbeitsgebiet, wobei es gleichzeitig gegenüber dem internationalen Entwicklungsstand erhebliche Rückstände aufzuholen gilt.

Das fünfachsige (5-D) Fräsen ist nach internationalen Einschätzungen das aktuellste Ergebnis progressiver Fertigungstechnik und gewinnt insbesondere aus der Sicht des ökonomischen Energieverbrauches für die Bearbeitung komplizierter Werkstückgeometrien zunehmend an Bedeutung.

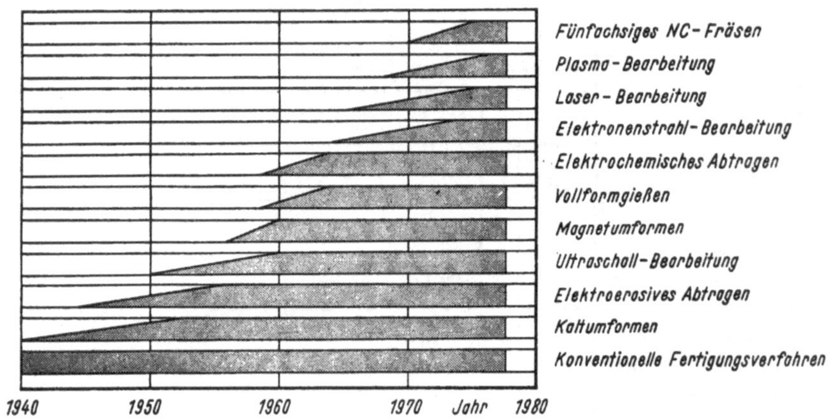

Abb. 9 Einführung neuer Fertigungsverfahren [8]

Den spezifischen Energieverbrauch für gleiche Bearbeitungsprobleme konkurrierender Fertigungsverfahren veranschaulicht Abbildung 10.

Verfahren	W h/cm³	Verhältnis
Stirnfräsen	1,5	1
ECM	60 ... 200	40 ... 130
EDM	20 ... 50	13 ... 35

Abb. 10 Spezifischer Energieverbrauch ausgewählter Formgebungsverfahren

Ein weiterer Grund für notwendige Orientierungen zum 5achsigen Fräsen leitet sich aus den Aufwandsrelationen ab, in Abbildung 11 anhand unterschiedlicher Fräserwege bei geforderter Mindestoberflächengüte dargestellt.

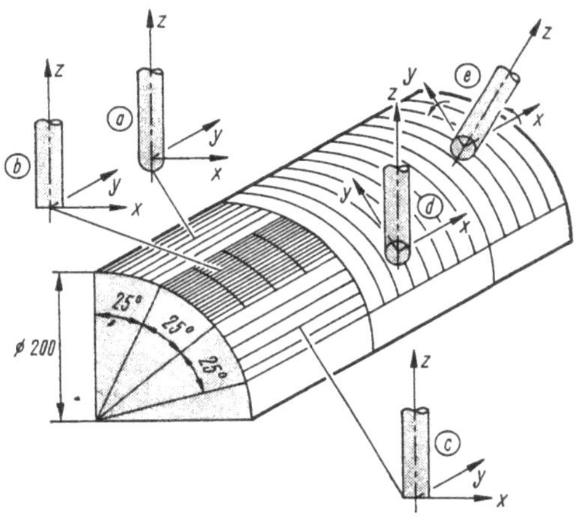

	Fräsverfahren	Fräsbahnanzahl	Überdeckung	r_t
a	3D Bahn parallel zur Zylinderachse/Kugelkopffräser	17	5,15	0,15 mm
b	3D " " " /Schaftfräser	291	0,30	
c	5D " " " "	6	15,49	
d	3D " quer " "	26	5,55	
e	5D " " " "	4	26,19	

Abb. 11 Aufwand unterschiedlicher Fräsverfahren bei geforderter Genauigkeit

Betrachtet man den gegenwärtigen Entwicklungsstand, so kann man feststellen, daß zur unmittelbaren Flächenbeschreibung ein umfangreiches Programmpaket vorliegt (s. Abb. 12).

Dabei bedeuten die Abkürzungen

FLAKON — Flächenkonstruktion

FLABES — Flächenbeschreibung

FGRAPH — Flächengraphik

FMFERT — Flächenmodell-Fertigung [9]

Mit diesen an der TU Dresden erarbeiteten grundlegenden Ergebnissen ist damit eine unmittelbare Anwendung für den Entwurfsprozeß, insbesondere für Karosserieflächen vorbereitet, während für die effektivste Form der Fertigung bezüglich der Fräserbahnberechnung und Steuerung noch vielfältige Probleme der Software- und Steuerungsweiterentwicklung der Lösung bedürfen.

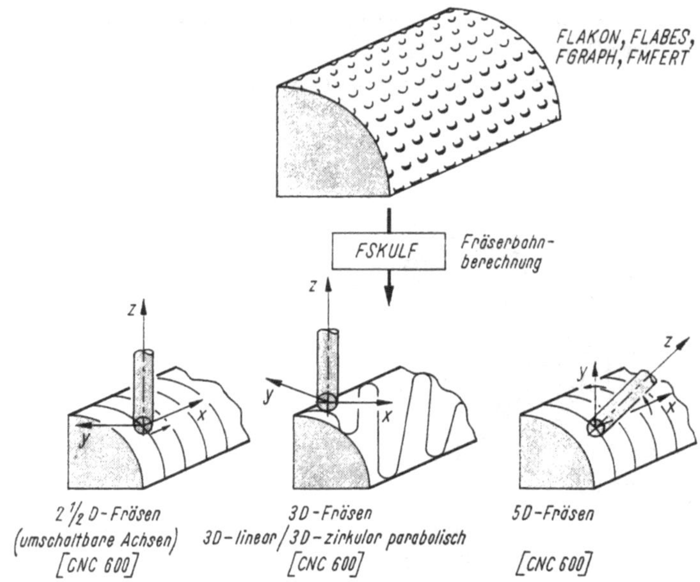

Abb. 12 Software für Entwurf und Fertigung doppelt gekrümmter Flächen

3. *Schlußbemerkung*

Trotz beachtlicher Fortschritte bei der Anwendung der Rechentechnik
- zur Rationalisierung unterschiedlicher Ingenieurtätigkeiten und
- steuerungstechnisch realisierter Informationsflüsse — zunehmend mittels speicherprogrammierter Steuerungssysteme

ist der tiefgreifende Wandel in der gesamten Fertigungstechnik noch nicht voll überschaubar.

Obwohl natürlich weiterhin in allen Ebenen — Ingenieurtätigkeit bzw. Ausführung von Bedienfunktionen — die Übernahme formalisierbarer Tätigkeiten mittels Rechentechnik dominiert, wird durch die verbesserte Verfügbarkeit und zunehmende Leistungsfähigkeit bei gleichzeitiger Anpassung der peripheren Geräte an die Möglichkeiten des schöpferischen Menschen eine bedeutende Aktivierung der kreativen Potenzen erkennbar.

Literatur

[1] Kochan, D., Fertigungsprozeßgestaltung und Informationsverarbeitung, VEB Verlag Technik Berlin, 1977.

[2] Kochan, D., Jacobs, H.-J., Automatische Festwert- und stetige Optimierung tech-

nologischer Arbeitsgrößen Fertigungstechnik und Betrieb 20 (1970). Teil 1: Heft 10, S. 605/606, Teil 2: Heft 11, S. 682/688, Teil 3: Heft 12, S. 720/721.

[3] JACOBS, H.-J., Spanungsoptimierung, VEB Verlag Technik Berlin, 1977.

[4] RICHTER, A., Untersuchungen zur Weiterentwicklung der Modelle und Programme für die Spanungsoptimierung — dargestellt am Beispiel des Fertigungsverfahrens Drehen. Dissertation, TU Dresden, 1978.

[5] MACHINING DATA HANDBOOK Machinability Data Center Metcut Research Associates Inc. Cincinnati, Ohio, 1977.

[6] TGL 8927 — Spanbildung beim Drehen von Stahl. DDR-Standard, Oktober 1975.

[7] KLÜNDER, R., Entwurf zur Dissertation TU Dresden 1980.

[8] SPUR, G., Fertigungsverfahren als Innovationsfaktor — neue Freiheitsgrade bei der Produktionsgestaltung. VDI-Berichte Nr. 319. 1978. S. 87—97.

[9] BONITZ, P., Anwenderhandbuch zu den Programmsystemen zur mathematischen Flächenbeschreibung von ebenen und räumlichen Kurven sowie doppelt gekrümmter Flächen. VEB Sachsenring Automobilwerke Zwickau 1979 — unveröffentlicht.

ISSN 0138—3956

FSC
www.fsc.org
MIX
Papier | Fördert gute Waldnutzung
FSC® C083411

Zeitfracht Medien GmbH
Ferdinand-Jühlke-Straße 7
99095 Erfurt, Deutschland
produktsicherheit@kolibri360.de